中国国家公园

东北虎豹国家公园

中国地图出版社　编著

吴林锡　周际　主编

中国地图出版社

·北京·

图书在版编目（CIP）数据

中国国家公园．东北虎豹国家公园 / 中国地图出版社编著 ；吴林锡，周际主编．-- 北京 ：中国地图出版社，2025．1．-- ISBN 978-7-5204-4273-2

Ⅰ．S759.992-49；Q959.838-49

中国国家版本馆 CIP 数据核字第 20240H4N33 号

策　　划：孙　水
责任编辑：葛安玲
编　　辑：李　铮　郝文玉
美术编辑：徐　莹
插画绘制：原琳颖
封面设计：众闻互动文化传播（北京）有限公司

中国国家公园 东北虎豹国家公园

ZHONGGUO GUOJIAGONGYUAN DONGBEIHU BAO GUOJIAGONGYUAN

出版发行	中国地图出版社	邮政编码	100054
社　　址	北京市西城区白纸坊西街 3 号	网　　址	www.sinomaps.com
电　　话	010-83490076　83495213	经　　销	新华书店
印　　刷	保定市铭泰达印刷有限公司	印　　张	4
成品规格	250 mm × 260 mm		
版　　次	2025 年 1 月第 1 版	印　　次	2025 年 1 月河北第 1 次印刷
定　　价	40.00 元		
书　　号	ISBN 978-7-5204-4273-2		
审 图 号	GS 京（2024）1197 号		

* 本书中国国界线系按照中国地图出版社 1989 年出版的 1∶400 万《中华人民共和国地形图》绘制。

* 如有印装质量问题，请与我社联系调换。

前言

东北虎豹国家公园跨越吉林和黑龙江两省。这里虎啸山林，豹跃青川，红松遍布山峦，林海映衬雪原，这片气势磅礴的大地就是东北虎和东北豹的家园。

这本绘本，以东北虎和东北豹为核心，介绍它们的物种习性、生活习惯、在自然界中的地位和作用等。同时，本书也展示了东北虎豹国家公园内其他珍贵的野生动植物，还有公园内令人惊叹的自然景观、完整平衡的生态系统。通过细腻写实的插图描绘和深入浅出的文字解说，让小读者享受视觉盛宴的同时，也能让他们感受到这片生态宝地的独特魅力。

希望通过这些有趣的内容，能让小读者重视自然、拥抱自然，鼓励他们加入野生动物保护的队伍，共同守护这片珍贵的生态家园。

目录

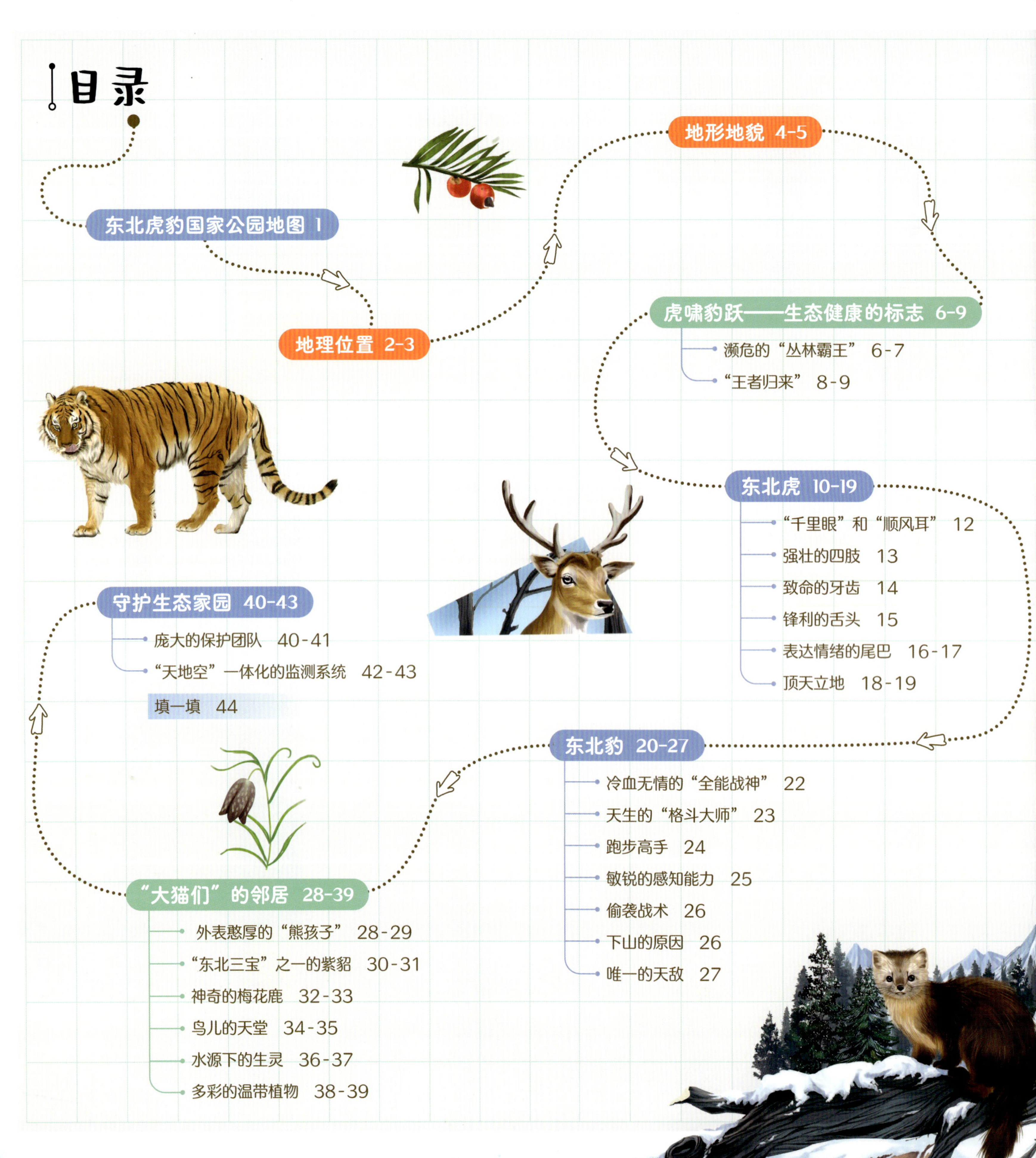

中国林蛙
白尾海雕
东方白鹳
东北红豆杉
东北豹
平贝母
丹顶鹤
粗皮蛙
黑 龙 江
牡丹峰
吉 林
紫貂
冰凌花
岩高兰及果实
人参
鸳鸯
梅花鹿
东北虎
中华秋沙鸭
图 例
核心保护区
一般控制区
省级界
河流、湖泊
新疆维吾尔自治区
西藏自治区
内蒙古自治区
黑龙江
吉林
辽宁
青海
甘肃
宁夏回族自治区
陕西
山西
河北
北京市
天津市
山东
河南
江苏
上海市
安徽
湖北
四川
重庆市
湖南
江西
浙江
福建
贵州
云南
广西壮族自治区
广东
台湾
香港
澳门
海南
东 海
黄 海
南 海
太 平 洋

地理位置

这里是亚欧大陆北部的绿色宝库，拥有完整的森林生态系统，一声声虎啸贯穿山林，这里就是东北虎豹国家公园。

2021 年 10 月，我国第一批国家公园名单正式公布，东北虎豹国家公园就在其中。东北虎豹国家公园地跨吉林和黑龙江两省，坐落于长白山支脉老爷岭南部，总面积达 **1.41 万平方千米**。

东北虎
东北豹
狍子
梅花鹿
紫貂
冰凌花

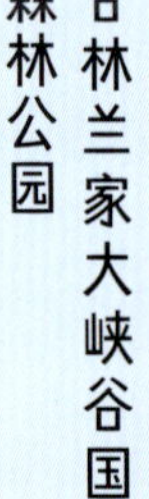

吉林兰家大峡谷国家森林公园

珲春河大马哈鱼国家级水产种质资源保护区

你知道吗？东北虎豹国家公园是中国这片土地上唯一能让野生东北虎和东北豹安心定居和生息的地方！这里是各种野生动物的家园，也是**亚洲温带针阔混交林**生态系统的中心地带，植被类型丰富多样，就像一个天然的大舞台。

东北虎豹国家公园覆盖原有自然保护地，包括 11 个自然保护区、5 个森林公园、1 个湿地公园、1 个地质公园和 1 个水产种质资源保护区。这片土地是大自然赠予我们的宝贵礼物，值得我们去珍惜和保护。

地形地貌

东北虎豹国家公园的地形可有趣了，以中低山、峡谷和丘陵地貌为主，盆地、平原、台地相间分布，其中最高峰老爷岭的海拔为 1477.4 米。这里就像个大自然的游乐场。

这片土地上，植被类型主要是温带针阔混交林，森林覆盖率极高，红松矗立林海，东北红豆杉挺拔优雅，自然景观壮丽秀美。

这里四季分明，层林尽染，就像一幅五彩斑斓的画卷。

这里的气候是温带大陆性季风气候，土壤很有特色，以暗棕壤和沼泽土为主，它们就像大地的调色盘和营养师。园区内还有数百种野生脊椎动物，它们在这里生活、玩耍，构成了一个生机勃勃的小型生态系统。

林区植被茂盛、食物链完整，这是大型猫科动物繁衍后代的保障！

“暗棕壤”和“沼泽土”，都是土类名。暗棕壤是温带湿润地区针阔混交林下形成的具有明显腐殖质积累的中性至微酸性的暗棕色土壤，土壤自然肥力较高。沼泽土是长期积水低洼地区，在厌氧还原条件下和湿生植物作用下发育而成的土壤。

虎啸豹跃——生态健康的标志

濒危的“丛林霸王”

历史上，野生东北虎和东北豹曾经在东北地区“众山皆有之”，然而在过去的一百多年里，因为森林面积减少、人类活动增加等原因，野生东北虎豹的栖息地急剧缩减，种群数量锐减。

野生东北虎、东北豹站在食物链的顶端，在森林生态系统中属于“霸主”级别。一只成年东北虎每年得吃掉差不多50只大中型食草动物！真是大胃王！但只有食草动物种群达到500只左右，才能保证每年产出50只的食草动物，这个数量的动物可供一只老虎捕食，同时又不会让整个食草动物种群衰退。要养活这么多只食草动物，当然需要大量的植物食物资源。这就需要一片环境优美、植被茂盛、生态系统健康的土地来支撑。

《世界自然保护联盟濒危物种红色名录》

濒危动物

极危动物

东北虎和东北豹就像是生态健康的标志一样。要是它们突然“玩失踪”，那就意味着生态系统失衡了；要是它们经常出没，就说明那里有健康和完整的生态系统。

东北虎豹国家公园就是这样一个生机勃勃的动物王国，里面有着中国境内极为罕见、由大型到中小型兽类构成的完整食物链。

随着生态环境的逐年改善，野生东北虎豹的“食谱”变得越来越丰富。现在，成千上万的动物都有可能成为它们的盘中餐，甚至像原麝这样以前很少见的动物，现在也经常出现在它们的视线里。

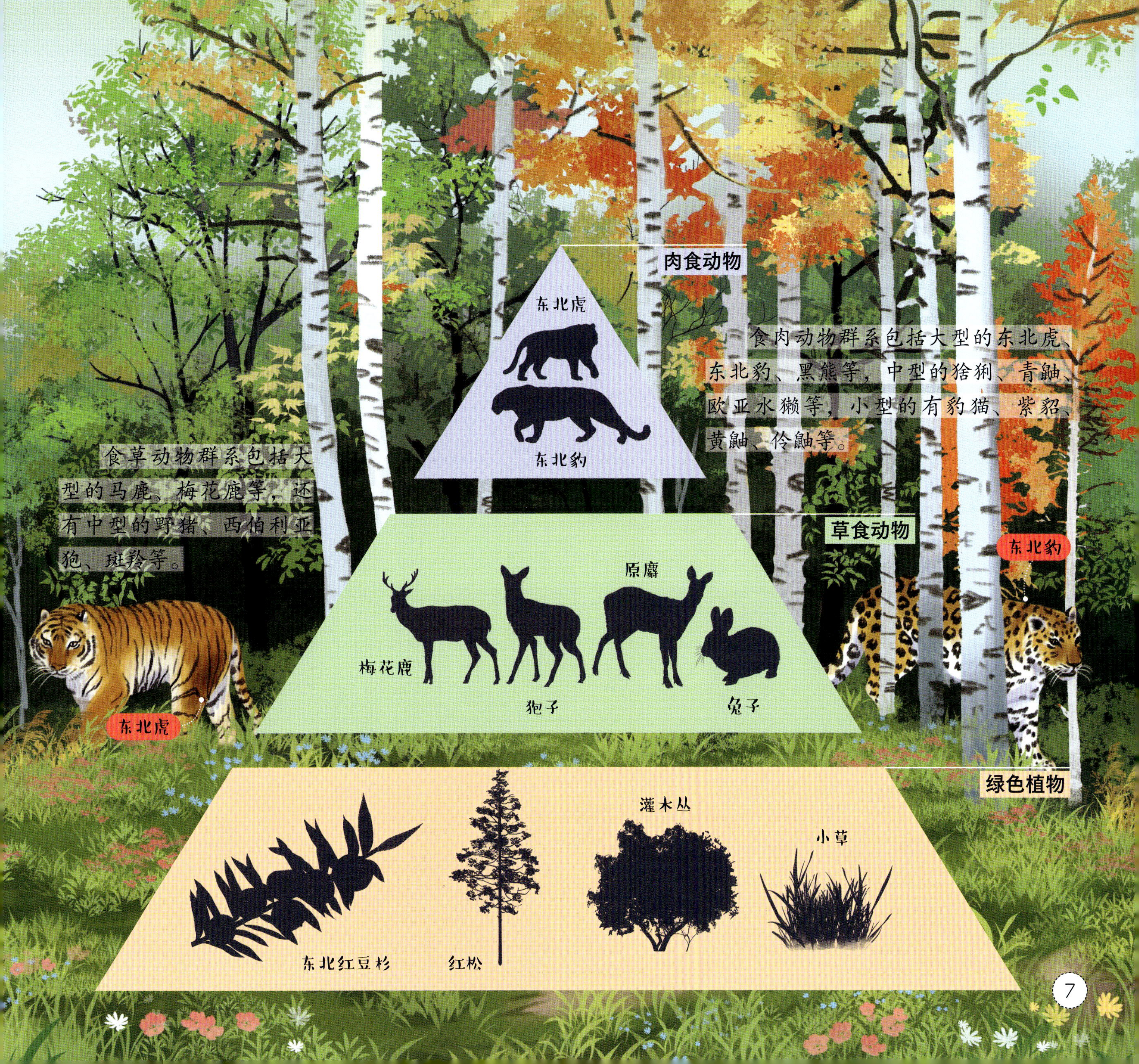

肉食动物
东北虎
东北豹
食肉动物群系包括大型的东北虎、东北豹、黑熊等，中型的猞猁、青鼬、欧亚水獭等，小型的有豹猫、紫貂、黄鼬、伶鼬等。
草食动物
食草动物群系包括大型的马鹿、梅花鹿等，还有中型的野猪、西伯利亚狍、斑羚等。
梅花鹿
狍子
原麝
兔子
东北虎
东北豹
绿色植物
灌木丛
小草
东北红豆杉
红松

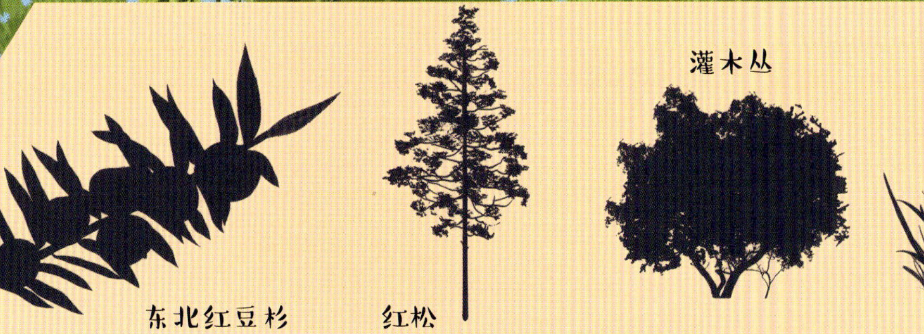

“王者归来”

在东北虎豹国家公园成立之前，这里的生态情况不太乐观。由于野生动物栖息地缩小、森林里的草食动物减少，母虎没有足够的食物，很难养活自己的小宝贝，有时候一胎三只幼崽，只能勉强存活一只，真是让人心酸啊。2015 年，园区范围内仅有东北虎 27 只、东北豹 42 只。

东北虎豹国家公园成立后，分散的栖息地就连成了一片。大片连通的栖息地上，有了完整的森林系统、健康的植被结构、丰富的生物多样性资源和完整的食物链。这些有助于东北虎、东北豹在此自由生活、繁衍。

2024 年，公园内东北虎、东北豹的数量分别增长至70只和80只左右，出现了雄壮的成年东北虎带着数只幼崽散步的场面。当地民众还拍到了东北虎下山懒散地晒太阳的视频，这都是东北虎“王者归来”的缩影。

东北虎

虎起源于东亚，东北虎作为虎的亚种之一，又被称为西伯利亚虎，是目前世界上体形最大的猫科动物之一，有着“丛林之王”的美誉。它全身为棕黄色的毛发，背部和体侧具有多条横列黑色窄条纹，前额上的数条黑色横纹，中间常被串通，极似“王”字。它全身上下都在展示着它的猎食天赋，告诉大家它就是大自然中最强的捕食者！

东北虎是个大块头，最大实测记录体重达到了384千克！光是这庞大的体形，就能让其他动物望风而逃。

东北虎能做出大幅度、灵巧的转身，爬树、游泳、奔跑都不在话下，捕捉猎物更是手到擒来，它们是丛林深处的“致命杀手”。

冬天时东北虎为了御寒，毛发会变得更加浓密，它们还会在这个季节大吃特吃，囤积脂肪，体形变得更加庞大，看上去威猛无比！

“千里眼”和“顺风耳”

东北虎的脑袋滚圆，耳朵很短，形状如半圆。它的眼睛也是圆溜溜的，眼神十分犀利，但是你可别小看这双眼睛，它的夜视力是人类的**6倍**左右！东北虎的视网膜后面，有一种叫作“视毯”的神奇的膜层，能把入射光线反射回去，给视网膜提供更多的刺激，来提高夜视力。

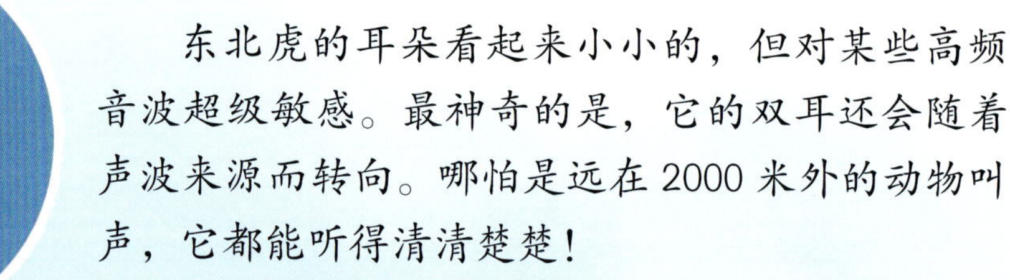

东北虎的耳朵看起来小小的，但对某些高频音波超级敏感。最神奇的是，它的双耳还会随着声波来源而转向。哪怕是远在2000米外的动物叫声，它都能听得清清楚楚！

东北虎的胡须端连接着超多的感知神经，简直就像一套“超能力探测器”。晚上走路、探索环境全靠它，甚至能感知到自己与物体的距离和物体的宽窄。

强壮的四肢

东北虎的四肢强健有力，仿佛随时都能把猎物压倒在地。因为拥有粗壮的后肢，东北虎的弹跳力一流，它们轻而易举就能跳到 **2.0~2.5 米**高，跳跃距离可达 **12 米**。依靠后肢的力量，它能够稳稳地直立起来，再用“猫猫掌”来一记重拳，那厚实的肉垫呼啸而来，力量让人生畏！

东北虎前肢掌上有 5 个脚趾，后肢掌上有 4 个脚趾，脚趾前端长有尖锐的虎爪，每个都锋利如刀，能够牢牢地抓住猎物的身体。它的前肢比后肢更为强健，这是突然袭击猎物的得力“武器”。

东北虎的胡须还是身体健康的晴雨表。如果一只东北虎的胡须长得又白又长又尖，那就说明它身体特别棒！

致命的牙齿

东北虎一般有30颗牙齿。犬齿十分粗大，呈圆锥状，齿尖部稍向后弯，长**54~78毫米**。门牙主要用来辅助撕咬，侧牙用来切断食物。雄虎的牙齿比较粗，雌虎的牙齿比较细长，不过，两者在撕咬能力上的差别并不大。

东北虎的犬齿粗大，咬合力自然大，加上其嘴巴的张合度有约**90度**，颚部球形肌发达，咬合力可达**450千克**。对于擅长偷袭锁喉的东北虎来说，它能轻而易举咬断猎物的喉咙或颈椎，让猎物瞬间失去反抗能力。

锋利的舌头

成年东北虎的舌头长约 **30 厘米**，正面长满“倒刺”，这些“倒刺”是由无数角质化的细胞构成，非常坚硬，其质地与指甲盖相似，而且这些“倒刺”较长，非常尖锐。

东北虎会用带满“倒刺”的舌头慢慢将附在骨头上的肉剔除干净。

东北虎舌头上的倒刺

“倒刺”还有以下几个用途：

第一，梳理毛发。“倒刺”如同一把梳子，东北虎用它来梳理毛发，可以防止毛发打结，还能深度清洁毛发和皮肤。

第二，除虫。东北虎会通过舔舐幼崽，来去除幼崽身上的寄生虫。

第三，调节体温。“倒刺”能穿过毛发，到达皮肤表面，将唾液均匀涂抹在皮肤上，像涂了一层保湿霜。同时唾液里的水分蒸发，能起到散热从而调节体温的作用。

母虎舔舐幼崽

表达情绪的尾巴

成年东北虎的尾巴又粗又长，长度有**1米多**，根部直径约5厘米，并有多条黑色环纹，尾尖通常是黑色的。

这根和成年人小臂一样粗的尾巴，就像灌铅的橡胶棍，一尾巴横扫过来，虽然不足以致命，但是会让被打者疼得龇牙咧嘴！

通过观察虎尾，可以判断东北虎的状态与心情。如果东北虎的尾尖微微翘起，不停地抖动，嘴中还发出低沉的吼叫声，说明它处于警戒状态；如果东北虎的尾巴只是轻轻摆动，不时发出“喷、喷”的鼻音，那表示它的心情很好。

东北虎喜欢游泳，但它们一般不是一头扎进河里，而是先把尾巴放进水里降温，然后再拍打几下水面，让溅起的水花落在身上，等体温下降了一些，再下水。

顶天立地

东北虎喜欢远离人群，选择在地势平缓、冬季积雪较浅的松林里安家。冬季北方森林里的食物比较稀缺，东北虎常常需要长途跋涉去捕猎，它的活动范围可达 **1000 平方千米**。

野外的成年东北虎想要繁衍后代，首先得有自己的领地。不过，雄虎和雌虎二者建立领地的方式并不一样。

有三分之二的雄性后代会留在出生地周边与母亲分享部分家域。人类给这种现象起了一个温馨的名字——“领地馈赠”。

而雄虎长大后就会远离出生的地方，去寻找新的领地。这是为了避免近亲繁殖，给后代一个更优质的生活环境。

既然野生东北虎数量稀少，那我们在动物园里多养一些就可以了吧？

当然可以。但是保护这些动物并不是为了将它们圈养起来，而是要让它们在自然环境里自由自在地生活，和人类和谐相处。东北虎作为自然的强者，要是全都被关起来圈养，它们的行为习性会被改变，造成健康问题频发，基因多样性也会因此受影响。所以，虽然我们有圈养的东北虎，但建立国家公园，让它们自由生活才是对它们最好的保护方式。只有野生东北虎的存在才能证明温带森林生态系统的健康。

东北豹

中国是个世界级的“大猫天堂”！我国不仅是拥有虎亚种和雪豹种群数量最多的国家，还拥有三个珍稀豹亚种：东北豹、华北豹和华南豹。

东北豹又叫远东豹，主要分布在我国东北和俄罗斯远东地区，是分布最北、种群数量最少的豹亚种。它们性格凶猛，身躯优雅、均匀，四肢修长，体态似虎，性情异常凶猛，动作敏捷，善于爬树。东北豹成年后体长可达 2.4 米（尾长约 1 米），体重 **60~100 千克**，体格健壮的可达 130 千克。

作为猫科动物，东北豹的动作极为敏捷，一次可以跳 6 米远，它的奔跑速度也很惊人，最高速度可达每小时 80 千米。它的战斗力也十分强大，是当之无愧的丛林“小霸王”。

此外，东北豹一般都独居生活，只有在繁殖期才会配对。一般来说，雌性东北豹的领地范围可达 **100 平方千米**，雄性东北豹可达 **300 平方千米**。

东北豹宝宝出生时，体重通常不超过 1 千克。它们刚出生时睁不开眼睛，看不见东西。大约一星期后，它们才会睁开眼睛。再过几天后，它们会开始探索自己的洞穴。

2 个月大的时候，它们才能开始走出洞穴吃肉。在这之前，它们几乎完全靠母乳生存。它们会和妈妈待在一起，直到大约 1.5 到 2 岁，才能独立出去冒险。

冷血无情的“全能战神”

和大多数猫科动物一样，东北豹也独自生活、独自狩猎，它没有狮子的身躯，也没有老虎的肌肉，但是它身体更敏捷和轻盈，既能上树抓鸟，也能下河捕鱼。东北豹的身体素质也很好，它们生性机敏，嗅觉和听力都极其敏锐，而且擅长跳跃，既能越过 6 米宽的山涧，也能跳上 3 米高的树干。最重要的是，东北豹还十分擅长锁喉，一击毙命，可以说它既是一个行走于黑暗中的“隐秘刺客”，又是一个残酷无情的“冷血杀手”。

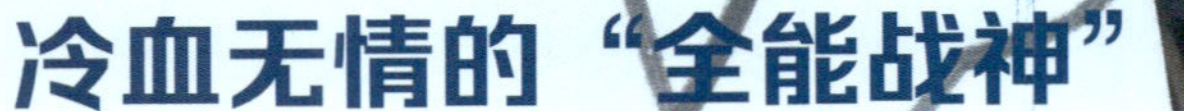

锐利的爪子

东北豹的爪子很锐利，而且伸缩自如，攻击力很强，就像锥子一样，一击就能刺进猎物的皮肉中，让猎物疼痛难忍，杀伤力非常大。它的爪子可以牢牢抓住树干，轻盈的身体能在树上任意跳跃，它们是爬树能力最强的食肉猛兽。

锋利的牙齿

东北豹的牙齿极为锋利，犬齿的长度可达 3.5 厘米，可以轻松咬断猎物的脖子。它的咬合力也很惊人，其中裂齿的咬合力可达 800 斤，这让它们能咬着比自己重 3 倍的猎物爬上树。

天生的“格斗大师”

和东北虎一样，东北豹的格斗能力也很强，是天生的“格斗大师”，它们的攻击方式主要是撕咬、爪刺和锁喉，攻击武器主要是牙齿和爪子。

跑步高手

作为陆地上顶级的捕食者之一，东北豹不仅战力强悍，奔跑速度也十分惊人，它们头小尾大、腰细腿长，爪子上的肉垫极厚，心肺功能也很强大，是天生的跑步高手。

全力爆发情况下，东北豹最快速度可达每小时 80 千米，相当于每秒跑 22 米，而且即便是长距离奔跑，速度也能达到每小时 50 千米，这种速度远超老虎和狮子。

出色的嗅觉和听觉

东北豹的嗅觉和听觉也十分发达，它们拥有 2 亿个嗅觉细胞，能分辨出上百万种不同的气味，它们的耳朵也很灵敏，听力比猎犬还要出色。

敏锐的感知能力

豹子是一种感知力极强的捕食者，而东北豹更是豹子中的佼佼者，它们的视野很宽阔，而且在不同光线下，它的瞳孔还能迅速变换大小，因此动态视力极为惊人。

不仅如此，东北豹的夜视能力也很强，它们的眼睛可以反射光源，因此只要有一丁点儿月光，它们就能看清周围环境，所以东北豹十分喜欢在其他动物视力不佳的夜间捕食。

偷袭战术

东北豹是一种高效率的狩猎者，更是运用偷袭战术的行家。它们的伪装能力极强，喜欢跳到树上或者藏在草丛里，观察猎物的一举一动。一旦时机成熟，就猛地冲出去将猎物拿下！

下山的原因

2021 年，一头东北豹趁着夜色闯入山下的村庄，咬死 100 多只鸡，天亮才被活捉，随后被放归山林。

东北豹之所以下山觅食，主要是因为东北的冬天过于寒冷，小型动物都藏起来了，大型动物又不好捕捉，觅食难度太大了。

最关键的是，东北豹和东北虎的领地范围高度重合，在食物匮乏的季节，东北虎还会抢夺东北豹的食物，并将它们赶出领地，东北豹为了填饱肚子才会下山。

唯一的天敌

2023 年末东北虎豹国家公园里发生了一起罕见的东北虎“猎杀”东北豹的事件。

作为“邻居”，东北虎和东北豹天生敌对，因为自然界的猎物是有限的，为了抢夺生存资源，两者见面，必定有一场恶战。

成年东北虎的体重是东北豹的**3 倍多**，其打击力、速度、力量、咬合力都远在东北豹之上，东北虎是东北豹命中注定的“克星”，如果两者单挑，东北豹会是“输家”。

“大猫们”的邻居

外表憨厚的“熊孩子”

乌苏里棕熊，国内一般称东北棕熊，是一种大型熊科动物。它走路时是同手同脚，从外表看有点憨厚，实际上它是相当凶猛的。前肢的爪子是其最重要的武器，它的爪子又长又硬，可长达15厘米。乌苏里棕熊因为体形庞大，所以在肢体力量上有很大的优势，一巴掌下去能达到950千克的力道。

机会主义捕食者

乌苏里棕熊虽然有着雄厚的实力，可以轻松捕到猎物，但它却是一个懒惰的机会主义捕食者。乌苏里棕熊一般以食用植物性食物为主，植物占其各类食物总量的89.7%左右。浆果、根茎和种子都是它的食物。当然，它也不挑食，它会捉鱼吃、掏鸟蛋、食昆虫，吃东北虎的剩饭——猎物残骸。

也有“食肉装备”

秋季要为冬眠做准备时，乌苏里棕熊才开始主动捕食马鹿、狍子与野猪等猎物。不过，每到春天，它也急着找肉吃，因为这时候它需要大量的蛋白质来帮助刚苏醒的身体恢复活力。

乌苏里棕熊还会选择蚂蚁和蚯蚓作为动物性蛋白的来源。当它发现蚁丘后，先是在蚁丘旁边狂喜地大吼大叫，然后绕着蚁丘打转，一直转到晕头转向为止。至于它为何要这样，至今还是个谜。

“东北三宝”之一的紫貂

“东北三宝——人参、貂皮、鹿茸角”，“貂皮”指的就是紫貂的皮毛。紫貂，俗称黑貂、赤貂，是生活在亚寒带针叶林或针阔混交林中的代表兽类之一。紫貂有着柔软修长的身材，油亮的毛皮，敏锐的洞察力，眼睛清澈有神，看上去机警又天真，有些人把它们叫作**“林海精灵”**。

紫貂的身材与中等大小的家猫相似，但体形较细长，四肢略短，前后肢均具有五趾，趾端有半伸缩性的爪，非常适合在树林中攀爬腾跃，它们一般可跳 30 厘米，遇到危险时可跳到 2 米远。雄性个头一般比雌性要大，头部有一对大耳朵。

繁殖力弱

轻松应对寒冷环境，紫貂在寒冷的环境中能生存下去，得益于它保护性强的皮毛。它长着油亮光滑、细密丰厚的绒毛，还有一条蓬松的大尾巴，十分漂亮！紫貂的皮毛能帮它抗冻，顺利度过寒冷天气。

“森林卫士”

紫貂捕食鸟类和昆虫，也采食植物浆果和种子，但它最主要的食物为对森林有害的小型啮齿类哺乳动物。所以紫貂有“森林卫士”之称。

神奇的梅花鹿

“东北三宝”的另一宝就是鹿茸，鹿茸是雄性梅花鹿或马鹿等的尚未骨化的幼角，是名贵的中药材。梅花鹿的鹿茸以每天 **1.2 厘米**的速度生长，再生能力让其他哺乳动物望尘莫及，简直就是再生界的“闪电侠”！梅花鹿胆子很小，一有风吹草动就会快速消失在丛林中，遇到危险时，还会发出“呦呦”鹿鸣，以示警告。

自愈神速

不仅是鹿茸再生快，梅花鹿的腿骨折后，三天就敢踩地，十天就能蹦跶，二十天就恢复如初，自我修复能力令人称奇。更神奇的是，鹿受伤后，伤口会自然止血，然后快速愈合。这是因为鹿血里免疫蛋白的含量是人体的三倍！而且它血液中的SOD（超氧化物歧化酶，对抗疾病、衰老的关键生物活性物质）含量比人体血液中SOD的含量高出**7~10倍**。

色盲

人类的眼睛拥有3种视锥细胞：红色、绿色和蓝色。人类可以看到千变万化的颜色。但是梅花鹿的眼睛只有2种视锥细胞：绿色和蓝色，因此它们看不到鲜艳的暖色。东北虎的皮毛艳丽，但在梅花鹿眼中是绿色，与森林融为一体。当东北虎趴在梅花鹿群面前一动不动时，梅花鹿并不知道危险就在身边。梅花鹿是东北虎豹重要的食物来源之一。

长寿

根据哺乳动物寿命计算公式，梅花鹿的**20岁**相当于人类的**250岁**；梅花鹿的**30岁**相当于人类的**370岁**。一般梅花鹿的寿命在20年左右，在哺乳动物里面算是长寿的了。

东北虎和梅花鹿看到的颜色也不一样，由于东北虎是夜行性动物，它们更需要拥有能够在黑夜中分辨物体亮度的颜色的能力，因此东北虎看到的东西都是黑白灰三色的。

鸟儿的天堂

在东北虎豹国家公园这片广袤的林海中，鸟儿们尽情地展翅高飞，欢快地歌唱着。这里是它们生存繁衍的乐园，每年春天，各种鹀(wú)类、鸫(dōng)类、鹟(wēng)类等林栖鸟类纷纷从南方回归，为新一年的繁殖做好准备。

位于东北虎豹国家公园旁的图们江口湿地是亚洲重点鸟区。每年春秋，壮观的雁鸭类迁徙大军在此停歇、觅食，然后沿着国家公园内南北走向的山脉继续迁徙。鸟儿们自由自在地翱翔于蓝天白云之间，描绘出一幅和谐共生的美丽画卷。

凤头䴙䴘(pì tī)

凤头䴙䴘擅长游泳和潜水，但不擅长飞行。它们生活在低山和平原地区的江河、湖泊、池塘等水域，以软体动物、鱼、甲壳类和水生植物为食。它们喜欢双宿双飞，是夫妻恩爱、共育子女的典范，还亲自担任鸟宝宝的“游泳教练”。

仪态万方

凤头䴙䴘外形优雅、姿色迷人，拥有漂亮的羽冠。它们颈部修长，求偶时颈部的冠羽会蓬松起来，宛若戴了一个美丽的花环，显得仪态万方。

两情相悦

凤头䴙䴘在繁殖期会跳求偶舞蹈，雌鸟与雄鸟两相对视，身体高高挺起并同时点头，有时嘴上还衔着水草作为信物。

水源下的生灵

东北虎豹国家公园紧挨着日本海，公园内气候湿润，水系发达，为两栖动物、鱼类等提供了良好的生存环境。大名鼎鼎的跨国河流绥芬河就是从这里发源的，珲春河和图们江的重要支流也在这里穿梭。

每到4月中下旬，中国林蛙、东方铃蟾、粗皮蛙、花背蟾蜍，还有极北小鲵等小动物们就开始活跃起来，一个个蹦跶到静水洼或池塘里去产卵。产完卵后，成蛙们就回到山林里。小蝌蚪长大后，也会进入山林开始新的生活。到了秋天，它们又从山林里出来，跳进河流、湿地继续冬眠。

花羔红点鲑

在东北虎豹国家公园里，有一种稀有的冷水鱼——花羔红点鲑。它是世界上最有名的五种鲑鱼之一，这种鱼只生活在图们江、绥芬河、鸭绿江流域上游两岸，那里的森林茂密，水流湍急又清澈。

多彩的温带植物

东北虎豹国家公园位于亚洲温带针阔混交林生态系统的中心地带，是一个美丽的大自然氧吧，它不仅是众多小动物的温暖家园，也是全球罕见的**“物种基因库”**和**“天然博物馆”**，这里的森林覆盖率高达96.6%！

东北虎豹国家公园内保存着极为丰富的温带森林植物物种，四季多彩多姿。这里有各种各样的珍稀植物，如人参、岩高兰、草苁蓉、平贝母、天麻、牛皮杜鹃、东北红豆杉、西伯利亚刺柏……其中许多被列入了国家保护名录。

东北红豆杉

东北红豆杉在地球上已有250万年的历史，对生存环境要求十分苛刻，在自然条件下生长缓慢，被称为“吉祥树”“黄金树”。

人参

人参，也被赞誉为“仙草”，因其根形像人，故名“人参”。它通常喜欢在原始高山森林里安家，是国家一级保护植物。其肉质根为强壮滋补药。

每年冰雪消融后，早春植物就陆续破土而出。春风拂过，森林如花海。夏日林涛、山涧、鸟鸣、蝴蝶，宛如仙境。秋日五彩斑斓，视觉盛宴。冬日林海雪原，如童话王国。

冰凌花

冰凌花，学名侧金盏花，虽然个头小巧，却拥有在冻土中生长的神奇能力。在自然环境下，它需要5年的时间，从一颗小小的种子，落地生根、发芽，然后开出美丽的花朵。

冰凌花

春

冬

红松

东北大地是中国唯一生长有大片红松的地方，红松要生长 80 年以上才能开花，球果要经过两年才能成熟。它们掉落后，只有被埋在地下的极少数种子有机会逃离动物之口长成下一代幼苗。

守护生态家园

庞大的保护团队

在广袤的大地上，野外巡护工作人员们是大自然的守护者。在东北虎豹国家公园里，有4000多名巡护员，他们常常在-20℃的野外环境中翻山越岭，爬坡卧雪，守护这片家园。

野生动物补饲

狍子、梅花鹿等有蹄类动物是东北虎的主要猎物。为了帮助有蹄类动物越冬，东北虎豹国家公园内共设立了数百个“能量站”。冬季林区积雪太深时，工作人员将饲料送到补饲点，撒上苞米粒、豆皮、秸秆，还会放上梅花鹿、狍子等喜欢舔食的盐砖，为野生动物“加餐”，帮助有蹄类动物安稳过冬。

补给饲料

越岭巡护

清除钢丝套

红外相机维护

红外相机是保护野生动物的重要工具。为保障天地空一体化监测系统稳定运行，巡护员们不畏冬寒夏热，常年在森林内进行红外相机布设、设备电池更换和维修等工作。

测试红外相机

森林保育和巡山清套

巡护员们像侦探一样搜寻动物的粪便，追踪它们的足迹，观察周围环境，一丝不苟地记录着大山里的点点滴滴。他们发现猎套会迅速清除，这是确保虎、豹安全的基础性和根本性措施。

每道山梁、每道河沟都留下了他们巡护的脚印，见证着他们对这片土地的热爱。

跋山涉水

“天地空”一体化的监测系统

东北虎豹国家公园内约有**3万台**实时传输红外相机等终端监测设备，组成了庞大的“地面”观测网，无人机、飞船、机载激光雷达等是“空”，遥感卫星是“天”，“天地空”一体化手段实现了东北虎豹国家公园生物多样性保护全覆盖。

“天地空”一体化的监测系统，是通过在东北虎豹国家公园内具有实时传输功能的红外相机，拍摄下森林内野生动物尤其是虎、豹的视频，由通信基站传输至后台云服务器，再通过人工智能自动鉴定和分析图像信息，数十秒后就可以在电脑或手机上查看分析结果。

联合调度指挥中心可以结合大数据智能分析结果，发出多个监测和管理指令，帮助野外队伍更好地开展工作。比如，一旦相机监测到凶猛野生动物靠近村屯或农田，工作人员会及时通知村民回避危险区域，提前预警，为保护工作提供科学、及时的线索。

“天地空”一体化监测系统已实时传输和识别东北虎影像2.6万余次、东北豹影像2.4万余次，实现了30多个物种的昼夜识别，东北虎豹识别准确率达90%以上，有效提高了日常巡护和管理效率。

地面接收车

以前是人进虎退，后来变成虎进人退，现在是人虎和谐共生。在园区里，东北虎豹自由自在地穿梭、栖息，每年都有稳定的虎、豹小宝宝出生。我们一起脚踏实地，关注环保，尊重自然，共同努力保护生态环境，爱护我们共同的地球！

填一填